BIBLIOTHÈQUE L. CURMER.

ENSEIGNEMENT UNIVESREL

LEÇONS ÉLÉMENTAIRES

DE

SCIENCES NATURELLES

APPLIQUÉES A

L'HYGIÈNE,

PAR

M. Emm. LE MAOUT,

Docteur en Médecine,

Cours autorisé par M. le MINISTRE DE L'INSTRUCTION PUBLIQUE.

Adopté par l'Association pour l'Éducation populaire.

10 centimes.

PARIS.

CURMER,

rue..., 47, AU PREMIER.

1850

(1re Leçon.)

Les Cours de M. **LE MAOUT** font partie des Lectures publiques du soir, instituées par le Ministre de l'instruction publique, et sont professés tous les Vendredis, à 8 heures précises du soir, au *Palais National, galerie de Nemours.*

L'entrée est publique et gratuite.

OUVRAGES ADOPTÉS PAR L'ASSOCIATION
POUR L'INSTRUCTION POPULAIRE.

18 — **Histoire de Marcillot,** par M. Clément D'ELBHE........................ 10 c.

19 — **Philippe le Batelier,** par le même. 10

2 — **Première lettre à mon ami Jacques.—Des Riches,** par M. Maurice BLOCK........................ 10

20-21 — **Deuxième lettre à mon ami Jacques.—De l'Impôt,** par le même. 20

22-23 — **Troisième lettre à mon ami Jacques.—Le Budget,** par le même. 20

3-4 — **Manuel du Juré,** par M. BAROCHE, représentant du peuple............ 20

15-15 ⎱ **Instruction civique des Fran-**
16-17 ⎰ **çais,** par M. AMYOT, avocat à la Cour d'appel de Paris............ 40

24-25 — **Principes de Dessin linéaire et de Géométrie pratique,** par M. JACQUE, directeur de l'école élémentaire de Châlon-sur-Saône.... 20

26-27-28 — **Éléments d'Histoire universelle,** par M. A. MACÉ, professeur d'histoire à la Faculté des lettres de Grenoble........................ 30

31-32 — **Bienfaits de l'Épargne,** par madame RUCK........................ 20

29-30 — **Devoir et Bonheur,** par M. RUCK, inspecteur de l'instruction primaire 20

BIBLIOTHÈQUE L. CURMER.

ENSEIGNEMENT UNIVERSEL

LEÇONS ÉLÉMENTAIRES

DE

SCIENCES NATURELLES

APPLIQUÉES A

L'HYGIÈNE,

PAR

M. Emm. LE MAOUT,

Docteur en Médecine.

La Science est l'amie de tous.
PLATON.

PREMIÈRE LEÇON

**COMPOSITION DE L'AIR,
UTILITÉ DE L'AIR, COMBUSTION,
RESPIRATION DES ANIMAUX
ET DES VÉGÉTAUX.**

PARIS.

L. CURMER,

Rue de Richelieu, 47, AU PREMIER.

ASSOCIATION
POUR L'ÉDUCATION POPULAIRE.

L'Association pour l'éducation populaire, sur le rapport de son comité de rédaction, approuve l'impression de l'ouvrage intitulé **Leçons Élémentaires de Sciences Naturelles** appliquées à l'**Hygiène**, par M. Emm. LE MAOUT. Première leçon, *Composition de l'air, Utilité de l'air, Combustion, Respiratiou des animaux et des végétaux.*

Paris, le 1er Février 1850.

Le Vice-Président,
D'ALBERT DE LUYNES.

Pour ampliation :
BLOCK,
Secrétaire général.

La **Bibliothèque L. Curmer** est destinée à enserrer dans un vaste réseau de publications *tout* ce qui touche à l'**Enseignement Universel**, à l'**Enseignement Moral** et à l'**Enseignement Élémentaire**. Sous le premier titre, elle abordera toutes les questions qui dérivent de la Constitution ; sous le deuxième, elle comprendra une série d'histoires et de récits instructifs et amusants ; sous le troisième, elle donnera des notions de toutes les sciences.

Elle fait un appel à l'*intelligence*, en la conviant à répandre ses bienfaits sur tous ceux qui ont besoin d'apprendre, à la *richesse*, en l'engageant à populariser ces petits écrits et à les distribuer avec la profusion qu'ils méritent par leur but et leur importance ; aux *travailleurs*, en leur offrant un moyen sûr et peu dispendieux d'acquérir sans peine toutes les connaissances qui forment l'homme et le citoyen.

Ces petites publications coûteront 10, 20, 30, 40 et 50 centimes, selon le nombre de feuilles de 32 pages, et celui des gravures qui serviront à l'explication du texte.

COMPOSITION DE L'AIR,
UTILITÉ DE L'AIR,
COMBUSTION,
RESPIRATION DES ANIMAUX
ET DES VÉGÉTAUX.

En vous proposant d'étudier, sous ma direction, les *Sciences naturelles*, je n'ai pas la prétention de faire de vous des *savants :* ma seule pensée est de vous offrir un délassement où vous puissiez trouver à la fois du plaisir et de l'utilité.

Il s'agit de voyager, sans vous éloigner de votre prairie, ou de votre rivage, sans même sortir de votre chambre, ou de votre atelier, il s'agit, dis-je, de voyager dans un immense Royaume, où chaque pas sera pour vous l'occasion d'une découverte pleine d'intérêt.

Si vous m'acceptez pour guide, je vous montrerai le chemin, non pas en marchant devant vous, mais en réglant mon pas sur le vôtre. Je ne vous demande que d'ouvrir les yeux... *Voir, c'est avoir*, a dit le Poète; mais ici, pour qu'il y ait acquisition réelle, il faut que vous sachiez voir avec les yeux de l'intelligence, c'est alors seulement que vous prendrez possession des richesses qui s'offriront à vous dans le vaste domaine de la création, dont Dieu vous a concédé la souveraineté, et que vous possédez sans le connaître ; c'est alors que vous aurez le droit de dire : *Tout ceci m'appartient*, car j'en jouis par les émotions de l'âme et par l'élévation de la pensée, aussi bien que par le plaisir des yeux.

Mais il ne suffit pas que les Sciences naturelles vous soient agréables, il faut aussi qu'elles vous soient utiles, et pour atteindre ce double but, nous les étudierons dans leurs applications pratiques, c'est-à-dire dans leurs rapports avec les besoins de l'homme, et surtout avec sa santé. C'est donc un cours de Sciences naturelles, ayant pour principal objet l'*Hygiène*, que je vous propose de suivre avec moi.

Pour vous faire embrasser d'un coup

d'œil le programme de cet enseignement, il suffira de vous donner la définition de la science qu'on nomme Hygiène. Qu'est-ce en effet que l'*Hygiène*? C'est l'art de conserver la santé. Qu'est-ce que la *Santé ?* C'est l'état dans lequel toutes les *fonctions de la vie* s'exercent avec régularité et harmonie. Nous voilà donc dans la nécessité de connaître les *fonctions de la vie*: c'est l'objet de la science qu'on nomme *Physiologie*. Or, pour connaître ces fonctions, il est indispensable d'étudier les *organes*, ou instruments qui les exécutent; de là, la nécessité de l'*Organographie*, qu'on nomme plus communément l'*Anatomie*.—Mais ces *organes*, outre leur conformation extérieure, ont une composition intime, *élémentaire*, qu'il importe de connaître : c'est la *Chimie* qui nous révèle cette composition. Les *corps élémentaires* eux-mêmes sont soumis à des lois générales, qu'il ne nous est pas permis d'ignorer, et que nous enseigne la *Physique*.

Ainsi, pour citer quelques exemples, le mécanisme du globe de l'œil, organe de la vision, la manière dont il fonctionne, les propriétés de la Lumière qui lui donne

la sensation ; la structure non moins mer-
veilleuse de l'oreille, la manière dont le Son
l'excite ; la composition de l'Air qui vient
gonfler notre poitrine 12 à 15 fois par minute,
et sans lequel nous péririons bientôt ; la nature des substances alimentaires, que nous
introduisons dans notre estomac, et qui, par
une incompréhensible métamorphose, se
changent en notre propre substance ; les
battements réguliers du cœur, qui poussent
le sang destiné à nourrir nos organes : tout
cela est pour nous d'un grand intérêt.

Vous *entendez*, vous *voyez*, vous *touchez*,
vous *goûtez*, vous *marchez* : c'est de la *Physiologie*. Vous êtes fatigué de rester debout,
et vous éprouvez le besoin de vous asseoir
ou de vous coucher : c'est une loi *physique*,
à laquelle vous obéissez ; vous *respirez* : c'est
un phénomène *physiologique* et *chimique*
qui s'opère dans vos poumons. Tous ces actes,
dont se compose la vie ne peuvent s'expliquer sans le concours des Sciences que je
viens de vous nommer.

Nous ne pouvons donc suffisamment connaître toutes les conditions de la *santé*, et
par conséquent de l'*Hygiène*, qu'après avoir

acquis des notions précises, sinon détaillées, de *Physique*, de *Chimie*, d'*Anatomie*, et de *Physiologie*.

Ces mots ne vous effraieront pas, car ils sont devenus populaires; du reste, ne craignez de ma part, ni des chiffres arides, ni des détails repoussants, ni des nomenclatures fastidieuses; je n'omettrai rien de ce qui pourra vous intéresser, et j'abrégerai soigneusement tout ce qui n'aura qu'une importance secondaire; en un mot, je ferai tous mes efforts pour vous instruire sans vous fatiguer.

En outre, comme la première condition d'un tel enseignement est la clarté, je supposerai que les sciences naturelles vous sont complètement étrangères; cette supposition admise me prescrira un langage simple, élémentaire, et souvent familier; je n'éviterai même pas les redites quand je les croirai nécessaires : il vaut mieux être diffus que d'être obscur.

Je vous ai dit que, pour connaître les organes qui exécutent les fonctions de la vie, il faut préalablement connaître les *éléments* qui entrent dans leur composition. — D'où proviennent ces éléments? — Sans aucun doute, des substances alimentaires, introduites dans l'intérieur du corps. Ce sont, d'abord, les matières végétales et animales dont nous faisons notre nourriture, puis l'*Eau*, ce liquide, universellement répandu dans la nature, enfin l'*Air* que nous respirons, et que les anciens appelaient l'*aliment de la vie*. Vous verrez bientôt que ces diverses substances se composent d'un très petit nombre d'éléments, qui, par leurs combinaisons variées à l'infini, donnent lieu à la formation d'une multitude de produits différents.

Commençons par l'*Air* :

L'*Air atmosphérique*, cette enveloppe gazeuse qui entoure de toutes parts le globe terrestre, cet océan aérien, qui a 25 ou 30 lieues de profondeur, et au fond duquel nous sommes plongés, l'Air a passé pour un élément jusqu'à la fin du siècle dernier (je n'ai pas besoin de vous dire qu'on entend par *élément* ou *corps simple*, tout corps qui n'est composé que d'une sorte de matière, et qu'on n'a pu parvenir à décomposer).

Or, une expérience bien facile vous démontrera que l'Air n'est pas composé d'une substance unique. Si vous posez, sur l'eau contenue dans un vase profond, une plaque de liége, supportant une bougie allumée; si vous renfermez cette bougie sous une cloche de verre, et si vous enfoncez cette cloche dans l'eau jusqu'au fond du vase, l'air, emprisonné, ainsi que la bougie, sous la cloche, va refouler l'eau, et la bougie descendra au fond du vase, en même temps que le niveau de l'eau qui la porte; elle brûlera pendant quelques instants; puis sa lumière s'affaiblira par degrés, et finira par s'éteindre tout-à-fait; si vous retirez ensuite la cloche avec précaution, en la soulevant verticalement, vous verrez que l'eau est montée dans la cloche, de manière à occuper à peu près le cinquième de sa capacité.

Cette expérience prouve clairement qu'il

y a dans l'Air atmosphérique deux *gaz* différents, l'un propre à la *combustion* de la bougie, l'autre impropre à cette combustion. Tant que le premier gaz a existé sous la cloche, la flamme a brillé, mais bientôt, ce même gaz ayant été employé en entier, la flamme s'est éteinte, et il n'est plus resté sous la cloche que le gaz impropre à la combustion; l'eau est montée dans la cloche pour occuper la place du premier gaz, et cette place équivaut au cinquième de la capacité de la cloche. — L'Air est donc composé, en volume, sur cinq parties, de quatre d'un Gaz impropre à la combustion, et d'une, d'un gaz propre à la combustion.

De là, vous conclurez que l'Air est indispensable à la combustion des corps : vous le saviez depuis longtemps; mais ce que vous savez de plus aujourd'hui ; c'est qu'il y a dans l'Air un gaz propre à la combustion, et un Gaz qui ne l'est pas. Le premier a été nommé *Oxygène*, et le second *Azote*. Plus l'Oxygène est abondant, plus la combustion est rapide : c'est ce que vous expérimentez toutes les fois que vous soufflez le feu : l'air, poussé et comprimé par le soufflet, arrive plus condensé sur le combustible, et la quantité d'Oxygène étant plus considérable, dans un même temps et sous un même volume, que si l'air n'avait pas été resserré et mis en mouvement, le combustible brûle avec plus de promptitude.

Nous savons donc que c'est l'Oxygène qui, dans l'Air, est l'agent de la combustion; et lorsqu'un corps combustible est brûlé par l'Oxygène, c'est qu'il se combine avec lui. Or, établissons, comme un fait important, et n'oublions pas, que toutes les fois qu'il y a *combinaison* de deux ou plusieurs corps, cette combinaison est le signal d'un *dégagement de chaleur*, et souvent d'un *dégagement de lumière*.

Voilà pourquoi le *Charbon*, lorsqu'il brûle, c'est-à-dire lorsqu'il se combine avec l'Oxygène de l'Air, produit de la lumière et une chaleur considérable, et c'est cette chaleur qui rend le charbon si précieux à cause de son prix peu élevé, coïncidant avec son *affinité* pour l'Oxygène.

Cette affinité (cette amitié) pour l'Oxygène est plus remarquable encore dans quelques autres corps simples que dans le Charbon.

Ainsi le *Soufre*, faiblement chauffé, s'allume dans l'air, et brûle avec une flamme bleue. Le *Phosphore* est bien plus avide encore d'Oxygène que le Soufre et que le Charbon. Il suffit du contact de l'air pour qu'il s'enflamme ; aussi ne peut-on en conserver qu'en le tenant submergé dans l'eau.

C'est sur cette inégale affinité du Phosphore, du Soufre et du Charbon pour l'Oxygène, qu'est fondée l'invention des *Allumettes chimiques*. Ces allumettes sont revêtues à l'une de leurs extrémités d'une pâte composée de Soufre et d'une substance dans laquelle entre du Phosphore. Le Phosphore, emprisonné dans cette pâte, ne s'enflamme pas à l'air ; mais si l'on chauffe légèrement, ou si l'on opère un frottement (qui produit toujours de la chaleur), le Phosphore s'allume le premier ; le Soufre, avec lequel il est en contact, s'allume ensuite, et sa flamme, qui dure plus long-temps, se communique au charbon du bois de l'allumette, qui brûle à son tour, moins rapidement que les deux précédents.

L'affinité pour l'Oxygène, plus grande dans le Soufre que dans le Charbon, explique aussi le procédé ingénieux au moyen duquel on éteint les feux de cheminées. Ces incendies ont en général pour cause la combustion de la *suie*, c'est-à-dire des particules de Charbon, incomplètement brûlées, qui se sont déposées et accumulées avec le temps sur les parois de la cheminée. Or ce Charbon est moins combustible, c'est-à-dire moins avide d'Oxygène que le Soufre; si donc on jette du Soufre sur le brasier du foyer, il s'établit à l'instant une sorte de rivalité, de concurrence, entre la suie et le Soufre; chacun d'eux se dispute l'Oxygène; mais celui-ci, préférant le Soufre, se jette sur lui pour le brûler, et la suie, d'une part, dépourvue d'Oxygène; de l'autre, étouffée par le gaz du Soufre brûlé, gaz impropre à la combustion, s'éteint rapidement.

Notez bien qu'il faut fermer l'ouverture du foyer avec un drap mouillé, pour empêcher l'air extérieur d'arriver sur le Soufre, et isoler autant que possible le théâtre du conflit que je viens de vous expliquer.

Outre le dégagement de chaleur (et souvent de lumière) qui accompagne la combustion, j'ai encore à vous signaler la *formation d'un corps nouveau*, composé de l'Oxygène et de l'élément combustible qui s'est combiné avec lui. Ce corps nouveau possède aussi des propriétés nouvelles, qui ordinairement diffèrent de celles des éléments composants : Pour le Phosphore, c'est une fumée blanche, aigre et sentant l'ail; pour le Soufre, c'est un gaz incolore, mais de saveur acide et d'odeur suffocante; pour le Charbon, c'est aussi un gaz incolore, d'une odeur faible et d'une saveur légèrement aigrelette.

Vous avez vu la combustion du Charbon, du Soufre et du Phosphore dans l'Air, qui ne contient qu'un cinquième d'Oxygène; vous n'aurez pas de peine à concevoir que, si cette combustion s'opérait dans de l'Oxygène pur, elle serait bien plus rapide, et que le dégagement de chaleur et de lumière serait bien plus énergique.

Ainsi une bougie récemment éteinte, plongée dans l'Oxygène, se rallumera aussitôt; le Charbon y deviendra flamboyant;

le Soufre y jettera une magnifique flamme bleue ; le Phosphore y brûlera avec un éclat que l'œil ne peut supporter ; un fil de Fer s'y consumera en lançant de tous côtés des étincelles éblouissantes. — Vous savez que le Charbon, le Soufre et le Phosphore, qui étaient des corps solides, se sont, par leur combinaison, changés en gaz ; dans la combinaison du fer avec l'Oxygène, celui-ci, qui était un gaz, se resserre, se *condense* assez, en se combinant avec le fer, pour former un corps solide ; ce corps pulvérulent, brun-jaunâtre, insipide, est connu sous le nom de *rouille* ; ainsi la rouille est du Fer, plus de l'Oxygène.

Vous comprenez maintenant scientifiquement, l'utilité de l'Air dans la combustion.

Mais ce n'est pas seulement à la *combustion* que l'Air est indispensable ; il est encore indispensable à la *respiration* de tous les animaux, et, de même que dans la combustion, ce ne sont pas les deux éléments de l'Air, mais l'Oxygène seulement qui joue un rôle actif. — Ainsi, par exemple, un animal, placé dans les mêmes conditions que la bougie qui s'est éteinte sous la cloche, s'éteindrait comme elle. C'est ce qu'on peut vérifier en attachant sur un large radeau de liége une souris ou un oiseau : si on l'emprisonne sous la cloche pleine d'air, mais séparée de l'air extérieur par de l'eau, l'animal périra au bout de quelques minutes.

Je vous ai expliqué l'action de l'Oxygène dans la combustion ; quel est son rôle dans la respiration ?

Avant de répondre, je dois vous présenter un exposé rapide de ce phénomène, sur lequel je reviendrai bientôt avec plus de détail.

Le *sang*, que renouvellent sans cesse nos aliments, va déposer dans tous nos organes les matériaux propres à les consolider, et à son retour, il emporte avec lui les matériaux qui ont déjà vécu et que le temps a détériorés. Ces particules, *vieillies*, sont composées essentiellement de Charbon ; elles rendent noir et boueux le sang qui les charrie, et il faut nécessairement qu'il s'en débarrasse. Pour y parvenir, le sang se rend dans deux sacs, celluleux comme une éponge, qui remplissent notre poitrine, et communiquent avec l'extérieur par le nez et la bouche. Ces deux sacs, nommés *poumons*, reçoivent à chaque respiration l'Air atmosphérique, qui s'y engouffre, et en remplit toutes les cavités.

Un double phénomène a lieu dans le même moment : d'une part, le sang se débarrasse de ses matières charbonneuses ou *carboniques*, qui s'exhalent en vapeur à travers les pellicules du poumon, et sortent de la poitrine avec l'Air; d'autre part, un volume d'Oxygène égal à celui de la vapeur carbonique est absorbé par le poumon et mêlé au sang; cet Oxygène, introduit dans nos organes, s'y combine peu à peu avec les matières détériorées, et forme avec elles un corps nouveau, qui, à son tour, s'exhalera en vapeur, quand le sang l'aura ramené dans le poumon.

Quels sont les résultats de cette action de l'Oxygène? D'abord, la purification du sang, lequel, enrichi par les aliments, et dépouillé des matériaux vieillis qui l'apauvrissaient, redevient propre à nourrir nos organes; en second lieu, un dégagement de chaleur, conséquence inévitable de toute combinaison.

Cette chaleur n'est autre chose que la *chaleur vitale*, sans laquelle tous nos organes seraient engourdis, sans laquelle notre sang perdrait sa fluidité, sans laquelle notre vie cesserait immédiatement.

La respiration est donc la principale cause de la chaleur vitale ; or, vous concevrez sans peine que cette chaleur doit dépendre de l'énergie avec laquelle s'exécute l'acte respiratoire, et que le sang sera d'autant plus chaud que la quantité d'Oxygène absorbé sera plus grande : c'est ce qui arrive chez les oiseaux, dont la respiration a pour siége, non seulement le poumon, qui remplit leur poitrine et leur abdomen, mais aussi les interstices de leurs fibres, et la substance même de leurs plumes et de leurs os.

Nous verrons bientôt que la respiration n'est pas la cause unique de la chaleur vitale : il faut, entre autres circonstances, tenir compte du *frottement* produit par le sang qui circule ; frottement d'autant plus considérable, que la circulation est plus rapide. Nous y reviendrons.

Vous connaissez maintenant l'utilité de l'Oxygène dans l'Air ; quelle est celle de l'Azote, qui s'y trouve en plus grande proportion? la question sera facile à résoudre : vous avez vu que si un corps combustible est plongé dans de l'Oxygène pur, la combustion est bien plus énergique et produit une chaleur et une lumière infiniment plus considérables. Si l'on plonge un animal dans le même gaz, sa respiration s'exécute avec bien plus d'activité; dans l'Azote, au contraire, tout corps enflammé s'éteint, tout animal périt. — Ces faits vous révèlent manifestement l'intention du Créateur, qui a mêlé dans l'Air que nous respirons, *beaucoup* d'Azote avec *peu* d'Oxygène, afin de tempérer la trop grande énergie de celui-ci, à peu près (permettez-moi cette comparaison familière), comme on met de l'eau dans le vin, pour empêcher le vin de causer l'ivresse. Or, vous comprendrez facilement que si nous respirions longtemps dans de l'Oxygène pur, notre respiration serait trop active, et nous péririons bientôt, consumés par un excès de vitalité.

Des faits que je viens d'exposer, vous devez conclure que l'air sorti de notre poitrine diffère de celui qui y est entré; en d'autres termes, que l'air *expiré* diffère de l'air *inspiré*. L'air *inspiré* contenait un cinquième d'Oxygène, l'air *expiré* en possède beaucoup moins, et la quantité perdue est remplacée par du *gaz carbonique*, lequel, comme vous le verrez bientôt, est éminemment impropre à la respiration. Voilà donc un air appauvri d'une portion de son gaz vital, et altéré par une même quantité de gaz non respirable.

Or, si vous êtes renfermé dans un lieu clos, l'air extérieur ne pouvant y pénétrer, l'air de l'appartement employé à votre respiration s'altèrera de plus en plus; l'Oxygène diminuera, remplacé par le gaz carbonique; l'Azote restera le même. Ces deux derniers gaz étant impropres à la vie, l'air sera *vicié* par votre respiration, et vous mourrez *asphyxié*, c'est-à-dire, privé d'*Oxygène*.

De là découle une règle d'*Hygiène* bien importante, c'est la nécessité du *renouvellement de l'air*. Ainsi les salles où beaucoup de personnes sont réunies, les ateliers très peuplés et peu spacieux, les dortoirs où les lits sont trop rapprochés, toutes ces localités peuvent devenir funestes pour leurs habitants, non seulement à cause des *miasmes* putrides qui s'y développent, et sur lesquels je reviendrai, mais à cause de la diminution de l'Oxygène.

Voici un exemple qui démontre l'importance du renouvellement de l'air : à l'hospice de la Maternité de Dublin, il mourut, pendant quatre ans, 2944 enfants, sur 7650, dans les quinze premiers jours qui suivirent leur naissance. On pensa que cette effroyable mortalité pouvait venir de ce que les salles n'étaient pas convenablement aérées, et l'on multiplia les ventilateurs; la mortalité fut réduite à 279. Ainsi, sur 2944 enfants morts dans les quatre années précédentes, 2655 avaient péri par l'insuffisance de l'Air.

Cette diminution d'Oxygène ne cause pas toujours la mort, mais elle altère profondément la constitution de ceux qui y sont exposés, des enfants surtout ; c'est principalement l'air appauvri d'Oxygène qu'il faut accuser de de ces maladies désastreuses, que je vous ferai bientôt connaître, et qu'on désigne sous le nom d'*engorgements lymphatiques*, *d'humeurs froides*, *d'affections scrofuleuses*, maladies trop souvent héréditaires, qui font le désespoir de tant de familles; maladies qui affligent le riche comme le pauvre, et qui ne résultent pas, comme on l'a cru long-temps, de la misère, de la froidure humide, et d'une mauvaise alimentation. Ces conditions les aggravent, sans doute, mais elles n'en sont pas la cause première : l'enfant du pauvre, habitant une rue étroite, où le soleil ne vient pas échauffer, dilater l'air, et par conséquent le mettre en mouvement et le renouveler, l'enfant du pauvre sera débile et malsain, mais l'enfant du riche, bien vêtu, bien nourri, qui passera la journée dans une petite chambre bien close, et la nuit dans un lit étroit, enveloppé d'un rideau ; l'enfant du riche, que l'on n'osera pas faire sortir en hiver, de peur qu'il ne s'enrhume ; en été, de peur que l'ardeur du soleil ne hâle son teint ; cet enfant, condamné par une tendresse ignorante, à respirer plusieurs fois le même air, sera débile et malsain comme celui du pauvre, et, quoi qu'il ait, de moins, la misère à souffrir, sa santé n'en sera pas moins profondément altérée.

L'utilité de l'Air est une vérité banale,

aussi vieille que le genre humain ; tout le monde l'accepte, en principe général, mais il est bien rare qu'on l'applique *en détail* aux nécessités de la vie.

Nous dirons donc aux personnes de toutes les professions et de tous les âges : vivez le plus possible au grand air, et surtout au soleil ; que les enfants prennent leurs repas en plein vent, du moins ceux qui ne demandent pas qu'ils se mettent à table ; et après le repas, pris au logis, qu'ils sortent toujours, ne fût-ce que pour un quart-d'heure ; tenez ouvertes les fenêtres de vos appartements quand vous n'y êtes pas, et quand vous y êtes, établissez-y de temps en temps un courant d'air qui ne puisse pas vous incommoder.

Quant aux heures du sommeil, renoncez aux alcôves étroites, aux rideaux fermés, aux paravents trop hauts ou trop rapprochés, véritables cages inventées par les gens frileux, qui y retiennent l'air captif, pour qu'il conserve sa chaleur. Ils ne savent pas qu'un air froid et pur, vaut mieux qu'un air tiède et vicié ; en un mot, pour éviter un rhume, ils s'exposent aux scrofules.

Il faut éviter aussi de faire coucher les enfants dans le même lit que les grandes personnes : outre l'inconvénient moral, souvent très grave, qui peut résulter de cette cohabitation, il y a un véritable danger physique pour la santé de l'enfant. En effet, les couvertures du lit, soulevées par le corps de l'adulte, plus saillant que celui de l'enfant, ne s'appliquent plus sur ce dernier ; alors l'enfant n'étant plus abrité, s'enfonce sous les couvertures pour éviter le froid, et respire constamment une petite quantité d'air, toujours le même, pendant son sommeil, qui cesse d'être réparateur.

Je vous disais tout à l'heure que la diminution d'Oxygène ne cause pas toujours la mort. Cela est vrai, quand les hommes ne sont pas trop entassés, et qu'ils ne séjournent pas longtemps dans l'air vicié ; mais s'ils sont renfermés en grand nombre, et si leur captivité se prolonge, la mort est certaine et prompte.

— L'exemple le plus effrayant qui ait été rapporté sur les effets d'un air altéré par la respiration d'un grand nombre de personnes se trouve dans l'*histoire des guerres des Anglais dans l'Indostan.*

Cent quarante-six hommes, prisonniers de guerre, avaient été renfermés, à huit heures du soir, dans une chambre de vingt pieds carrés, qui n'avait d'autres ouvertures que deux étroites fenêtres, donnant sur une petite galerie. Ils éprouvèrent d'abord une sueur abondante et continuelle, et une soif insupportable ; à cette soif succédèrent de grandes douleurs de poitrine et une difficulté de respirer, approchant de la suffocation ; ils essayèrent divers moyens pour être moins à l'étroit, et se procurer de l'air ; ils agitèrent leurs habits, leurs chapeaux, puis ils prirent le parti de se mettre à genoux tous ensemble, et de se relever simultanément au bout de quelques instants. Ils eurent recours trois fois en une heure à cet expédient, et chaque fois plusieurs d'entre eux, manquant de forces, tombèrent, et furent foulés aux pieds par leurs compagnons. Ils demandèrent de l'eau ; on leur en donna, mais, comme ils se la disputaient avec fureur, les plus faibles furent renversés, et périrent bientôt. L'eau n'apaisa pas la soif de ceux qui purent en boire, et encore moins leurs autres souffrances. Ils étaient dévorés d'une fièvre, qui redoublait à tout moment. Avant minuit, c'est-à-dire durant la quatrième heure de leur réclusion, tous ceux qui restaient encore en vie, et qui n'avaient pas respiré aux fenêtres un air moins infect, étaient tombés dans une stupidité léthargique, ou dans un affreux délire.

A deux heures du matin, il n'y en avait plus que cinquante vivants. Mais ce nombre était encore trop grand pour que tous pussent recevoir de l'air frais. L'agonie de ces malheureux se continua jusqu'à la pointe du jour. Le chef lui-même, après avoir résisté longtemps, était tombé asphyxié; on le releva, on l'approcha de la fenêtre, et on lui donna des secours. Bientôt après, la porte fut ouverte: des cent quarante-six hommes qui y étaient entrés, il en sortit vingt-trois vivants, qu'on eût pris pour des spectres échappés de leur tombeau.

Si, au lieu de respirer plusieurs fois le même air dans un lieu étroit et fermé, vous y allumez du charbon, la consommation d'Oxygène sera bien autrement considérable que par la respiration de l'homme; le changement d'Oxygène en gaz carbonique sera bien plus rapide, et vous serez asphyxié bien plus vite : c'est un fait déplorable qui se reproduit tous les jours à Paris, soit par imprudence, soit de propos délibéré; et trop souvent un fourneau de charbon est l'horrible ressource à laquelle ont recours des malheureux réduits au désespoir.

Si j'ai réussi à vous donner une idée juste de la combustion et de la respiration, vous avez saisi l'analogie qui rapproche ces deux phénomènes, en apparence si dissemblables.

Ainsi notre corps est un véritable foyer, où le Charbon du sang, comme celui qu'on brûlerait dans un fourneau, se combine avec l'Oxygène, en produisant de la chaleur, résultat de toute combinaison. Sans air donc, point de combustion, point de respiration, conséquemment point de chaleur... *Rallumer le flambeau de la vie, Ce vieillard s'est éteint comme une lampe, Étouffer le feu, Ma chandelle est morte*, ces locutions, usitées de toute antiquité, expriment très heureusement une des vérités fondamentales de la chimie; le bon sens populaire a *deviné* ce que la science des modernes *explique*.

Ici se présente une objection, qui doit venir à tous les esprits réfléchis, et que vous m'adresseriez sans doute, si je ne me hâtais de la prévenir. «Mais, direz-vous, si par le fait de la respiration, l'Oxygène est constamment changé en gaz carbonique, on aura beau choisir des maisons bien aérées, on aura beau même vivre en plein air, ce n'est plus seulement l'air des maisons qui sera dénaturé; l'air extérieur doit aussi *peu à peu* s'altérer, et il arrivera un moment, éloigné, mais inévitable, où l'atmosphère tout entière sera viciée : dès lors, l'air n'étant plus respirable, tous les animaux périront par asphyxie.» Votre conclusion est logique, mais rassurez-vous : le Créateur a rendu cette catastrophe impossible. Il a placé dans le voisinage de l'homme et des animaux, d'autres êtres qui se font un *aliment* de ce qui est un poison pour nous. Ces êtres sont les *plantes*. L'air chargé de gaz carbonique n'est plus propre à notre respiration ; il va l'être pour celle des plantes. Leurs feuilles absorbent le gaz carbonique par une infinité de petites bouches, dont leur épiderme est criblé ; elles décomposent rapidement ce gaz, gardent pour elles le Charbon, qui se *liquéfie*, se *solidifie*, et s'ajoute à leur substance, puis elles rejettent dans l'air l'Oxygène, et rétablissent les proportions que les animaux avaient détruites en respirant.

L'Air se trouve de la sorte purifié par les végétaux, à mesure qu'il est vicié par les animaux.

Cette respiration des feuilles s'effectue à la lumière : de là le plaisir indéfinissable que nous fait éprouver une promenade matinale dans les bois et dans les prairies, où nous respirons un air plus riche en Oxygène.

Ainsi les plantes nourrissent les animaux, mais ceux-ci, à leur tour, alimentent les végétaux ; et, s'il nous était permis, comme aux fabulistes, d'animer, de personnifier des êtres insensibles, il ne serait pas absurde de dire à un arbre, à un pommier par exemple, dont vous avez autrefois mangé le fruit : « Je viens m'acquitter envers toi : tu m'as donné, l'année dernière, une pomme à l'état solide ; en respirant sous ton feuillage, je te la rends à l'état gazeux, je ne te dois plus rien. »

Autre objection : — «Cet échange merveilleux entre les animaux et les plantes s'explique très bien, direz-vous, pendant la saison des feuilles, mais il va cesser quand l'hiver sera venu arréter la végétation.» — Non sans doute, il ne cessera pas; ce seront les plantes des pays antipodes des nôtres, qui se chargent de restituer à l'air que nous respirons l'Oxygène consommé par les animaux, et cet Oxygène nous arrivera au moyen des *courants* qui agitent constamment l'atmosphère ; ces courants sont tels, qu'un vent médiocre parcourt six à huit lieues par heure : aussi l'Air présente-t-il la même composition dans toutes les saisons de l'année.

Les chimistes ont analysé l'Air en Amérique, en Asie, en Afrique, en France, en Italie, en Espagne, en Egypte, au niveau de la mer, au sommet des montagnes, en ballon, à 21 mille pieds de hauteur : partout l'analyse opérée par des procédés très-délicats et très-exacts, a fourni les mêmes résultats.

NOTE.

D'après les calculs de Lavoisier, de Seguin, et les expériences plus récentes de H. Davy, la quantité d'Oxygène qu'un homme consomme en vingt-quatre heures est de 755 litres; il sensuit qu'un homme désoxygène dans un jour environ 5,000 litres d'air, et comme cet air cesse d'être respirable longtemps avant qu'il ait perdu tout son Oxygène, on évalue à 25,000 litres (25 mètres cubes) la quantité d'air qu'un homme rend insalubre en vingt-quatre heures; ajoutez-y la consommation d'Oxygène causée par la combustion du bois et du charbon, et l'éclairage, consommation telle qu'une chandelle de six à la livre demande par heure 340 litres d'air.

Malgré cette énorme déperdition d'Oxygène, la permanence de la composition de l'air est garantie pour bien des siècles, même si l'on suppose nulle l'action réparatrice des plantes. D'après les calculs de M. Dumas, il ne faudrait pas moins de 800,000 années pour que les animaux vivant à la surface du globe fissent disparaître l'Oxygène en ent'er. Ainsi, en 100 ans, les végétaux étant censés ne pas exister, et les animaux continuant à vivre, les chimistes trouveraient l'Oxygène de l'air diminué d'un huit-millième, quantité inaccessible aux analyses les plus délicates, et qui à coup sûr n'influerait en rien sur la vie des êtres organisés.

En résumé, l'Oxygène de l'air consommé par les animaux est restitué par les plantes; mais la nature a tout disposé pour que le magasin d'air fût tel, relativement à la dépense des animaux, que la nécessité de l'intervention des plantes pour la purification de l'air ne se fît sentir qu'au bout de quelques siècles.

3006   Paris, imp. Mauldé et Renou, rue Bailleul, 9-11.

MEMBRES DE L'ASSOCIATION POUR L'ÉDUCATION POPULAIRE.

Président. M. **Dufaure**, représentant du Peuple, ancien Ministre de l'Intérieur.

Vice-présidents. **d'Albert de Luynes**, représ. du Peuple, membre de l'Institut.

— **Villermé**, membre de l'Institut.

— **Ch. Rémusat**, représentant du Peuple, membre de l'Institut.

— **Vivien**, conseiller d'État, membre de l'Institut.

Secrétaire génér. **Block** (Maurice), membre corresp. de la Société nation. et centr. d'agriculture.

Vice-secrétaires. **A. Legoyt**, ancien chef de bureau au ministère de l'Intérieur.

Trésorier. **Lebeuf** (Louis), représ. du Peuple, banquier, régent de la Banque de France.

Agent général. **L. Curmer.**

COMITÉS

d'Administration,	**d'Examen et de Rédaction,**	**de Propagande.**
Président. M. Freslon, ancien représ. du Peuple, avocat général à la Cour de cassation, ancien ministre de l'Instruction publique. *Vice-Présid.* Baroche, représent. du Peuple, procureur général près la Cour d'appel de Paris. *Secrétaire.* Paulmier, représ. du Peuple. *Vice-Secrét.* E. Julien, chef de bureau au minist. de l'Agricult.	M. l'abbé Le Dreuille, aumônier du Val-de-Grâce. Hauréau (Barth.), ancien représ. du Peuple, conservateur des manuscrits à la Biblioth. nationale. Lechevalier (Victor), ancien officier supérieur d'artillerie. Trianon, bibliothécaire de Sainte-Geneviève.	M. Adam (Edmond), ancien conseiller d'État, ancien secrétaire général de la préfecture de la Seine. Saint-Amour, ancien représentant du Peuple. Cerfberr de Medelsheim, ancien employé supérieur des prisons.

M. Andral (Paul).

Arnaud, de l'Ariége, représ. du P.

Audiat (le docteur), inspecteur général de 1re classe des prisons.

Aubert - Hix, professeur au lycée Descartes.

Barbier (Auguste).

Bauchart (Quentin), représ. du P.

Berger, représentant du Peuple, préfet de la Seine.

De Bervanger, supérieur-fondateur de l'œuvre de Saint-Nicolas.

De Beaumont (G.), représ. du P.

Blanche, conseiller de Préfecture de la Seine.

De Bretignères de Courteilles, fondateur de Mettray.

Coquerel (A.), représent. du P.

De Corcelles, représ. du Peuple.

Cousin, membre de l'Institut.

Doré, fondateur de l'institution des cours gratuits pour les ouvriers du faubourg S.-Marceau.

Duvergier de Hauranne, ancien représentant du Peuple.

M. Felmann, chef de bureau au ministère de la Guerre.

Gillon (P.), représ. du Peuple.

Grun, rédacteur en Chef du *Moniteur*.

Guibout (Léon), avocat à la Cour d'appel de Paris.

Guérin - Méneville, membre de la Société d'agriculture.

Guichard, ancien représ. du P.

Jeanron, directeur général des Musées nationaux.

Jomard, membre de l'Institut.

Laferrière, inspecteur général de l'ordre du Droit.

De Lasteyrie (J.), représ. du P.

Leclerc (Louis).

Le Maout, prof. d'Hist. naturelle.

Lucas, aide-naturaliste au Muséum d'Histoire naturelle.

Macé (A.), professeur d'Hist. de la Faculté des Lettres de Grenoble.

De Melun, représent. du Peuple.

Mérigot-Rochefort, avocat à la Cour d'appel de Paris.

M. Mimerel (A.), président du Conseil général des manufactures.

Moriceau, avocat à la Cour d'appel.

Oudinot (le général), représentant du Peuple.

Pereire (Isaac), administrateur du chemin de fer du Nord.

Pillet (Gustave), chef de division au minist. de l'instruct. publique.

Saint-Marc Girardin, membre de l'Institut.

Say (Horace), conseiller d'État.

Sevin, avocat général à la Cour de cassation.

Sibour (l'abbé), vicaire général du diocèse de Paris, archidiacre de Notre-Dame.

De Tocqueville (Alexis), représentant du Peuple.

Tourneux, chef de bureau au ministère des Travaux publics.

Troplong, premier président de la Cour d'appel de Paris.

De Watteville, inspecteur général des établissem. de bienfaisance.

www.ingramcontent.com/pod-product-compliance
Ingram Content Group UK Ltd.
Pitfield, Milton Keynes, MK11 3LW, UK
UKHW020112240726
13926UKWH00011B/454